U0415861

珠宝玉石检验实训手册

ZHUBAO YUSHI JIANYAN SHIXUN SHOUCE

主　编　蔡善武

副主编　雷雅琇　陈若瑜

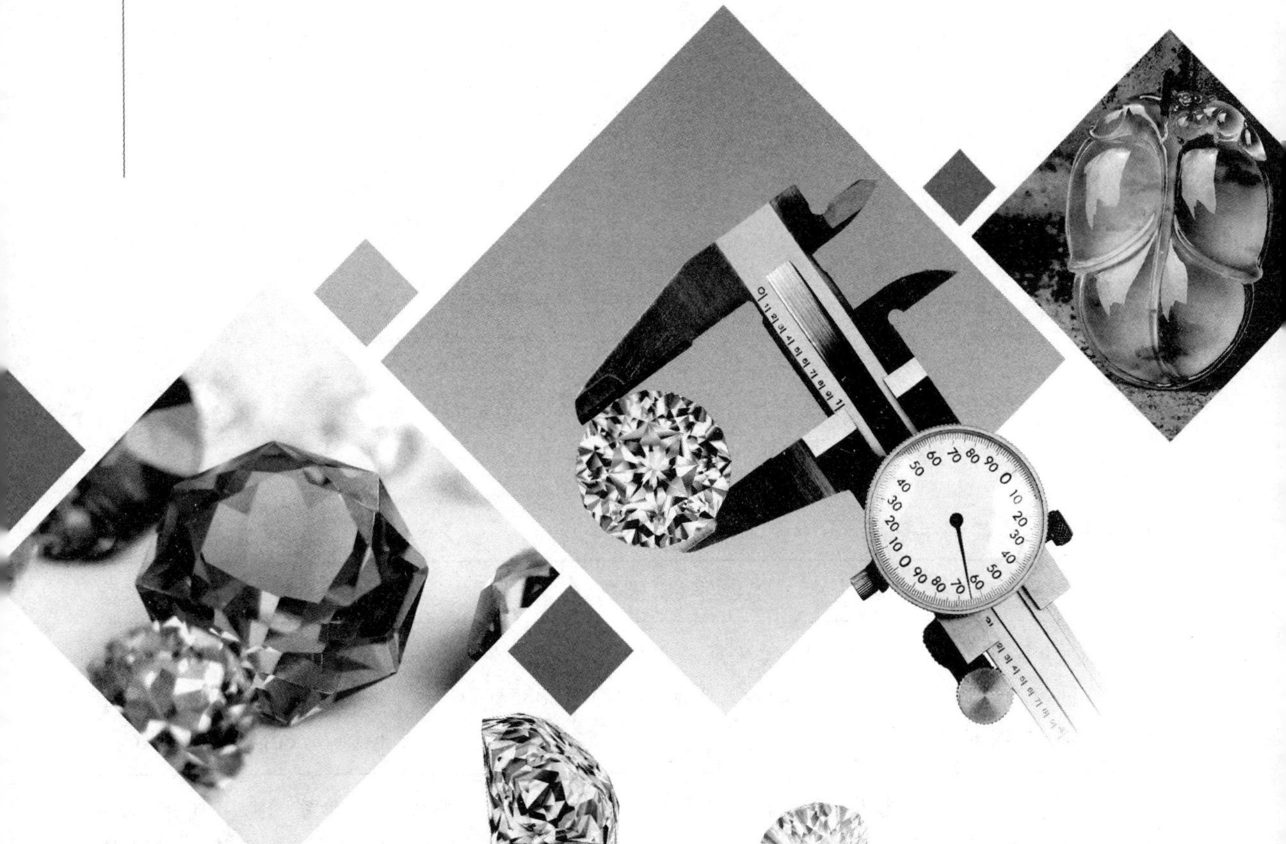

中国地质大学出版社

ZHONGGUO DIZHI DAXUE CHUBANSHE

图书在版编目(CIP)数据

珠宝玉石检验实训手册/蔡善武主编. —武汉:中国地质大学出版社,2018.12
中等职业院校珠宝类系列教材
ISBN 978-7-5625-4464-7

Ⅰ.①珠…
Ⅱ.①蔡…
Ⅲ.①宝石-检验-中等专业学校-教材 ②玉石-检验-中等专业学校-教材
Ⅳ.①TS933

中国版本图书馆 CIP 数据核字(2018)第 283423 号

珠宝玉石检验实训手册		蔡善武　主编
责任编辑:张琰	选题策划:张晓红　张琰	责任校对:张咏梅
出版发行:中国地质大学出版社(武汉市洪山区鲁磨路 388 号)		邮编:430074
电　话:(027)67883511	传　真:(027)67883580	E-mail:cbb@cug.edu.cn
经　销:全国新华书店		http://cugp.cug.edu.cn
开本:787 毫米×1092 毫米　1/16		字数:112 千字　印张:4.5
版次:2018 年 12 月第 1 版		印次:2018 年 12 月第 1 次印刷
印刷:荆州鸿盛印务有限公司		印数:1—1000 册
ISBN 978-7-5625-4464-7		定价:28.00 元

如有印装质量问题请与印刷厂联系调换

深圳市博伦职业技术学校系列教材
编委会名单

主　　任：任　敏

副 主 任：余若海　曾庆庆　张华林　蔡善武　边昭彬

编委会成员：张国顺　陈亚萍　马亚丽　周杏芳　廖　亮

　　　　　　陈秋高　徐宗意　赵　卫　路黎明　王友兵

　　　　　　雷　忠　杨艳霞　李国辉　余咏青　肖永合

　　　　　　黄大岳　冯益鸣　钟蔼玲　易　峰　黄韵华

　　　　　　李伟挺　郑乐娜　廖敏军　刘明德　陈延庆

　　　　　　王　英　周杏芳　刘　琛　何　丹　杨　磊

　　　　　　崔珊珊　赵　帏　廖武彪　磨鸿燕　陈　恒

目　　录

第一篇　宝石晶体

实验一　宝石晶体的肉眼鉴定

一、实验目的

1.通过对实际晶体的观察,学会分析晶体的结晶特点及肉眼可观察到的物理性质。

2.根据晶体对称要素特点,对宝石矿物晶体划分晶系,确定名称。

二、实验内容

1.借助 10×放大镜,观察宝石晶体的颜色、透明度、表面特征、解理及断口。

2.画出宝石晶体简易示意图,观察并指出其晶系,分析其聚形。

三、注意事项

宝石晶体在自然界生长过程中受到周围环境因素的影响,导致实际晶体与理想晶体有差别。

四、实践操作与记录

样品编号:_____	图示:
晶体描述:_____	
_____	
_____	
晶系:_____	
晶体定名:_____	

样品编号:_____	图示:
晶体描述:_____	
_____	
_____	
晶系:_____	
晶体定名:_____	

样品编号:_____	图示:
晶体描述:_____	
_____	
_____	
晶系:_____	
晶体定名:_____	

样品编号:_____	图示:
晶体描述:_____	
_____	
_____	
晶系:_____	
晶体定名:_____	

样品编号：_____　图示：
晶体描述：_____
_____
_____
_____
晶系：_____
晶体定名：_____

样品编号：_____　图示：
晶体描述：_____
_____
_____
_____
晶系：_____
晶体定名：_____

样品编号：_____　图示：
晶体描述：_____
_____
_____
_____
晶系：_____
晶体定名：_____

样品编号：_____　图示：
晶体描述：_____
_____
_____
_____
晶系：_____
晶体定名：_____

样品编号：_____　图示：
晶体描述：_____
_____
_____
_____
晶系：_____
晶体定名：_____

样品编号：_____　图示：
晶体描述：_____
_____
_____
_____
晶系：_____
晶体定名：_____

样品编号：_____　图示：
晶体描述：_____
_____
_____
_____
晶系：_____
晶体定名：_____

样品编号：_____　图示：
晶体描述：_____
_____
_____
_____
晶系：_____
晶体定名：_____

样品编号：_____　图示：
晶体描述：_____
_____
_____
_____
晶系：_____
晶体定名：_____

样品编号：_____　图示：
晶体描述：_____
_____
_____
_____
晶系：_____
晶体定名：_____

样品编号：_____　　图示：

晶体描述：_____

_____

_____

晶系：_____

晶体定名：_____

样品编号：_____　　图示：

晶体描述：_____

_____

_____

晶系：_____

晶体定名：_____

样品编号：_____　　图示：

晶体描述：_____

_____

_____

晶系：_____

晶体定名：_____

样品编号：_____　　图示：

晶体描述：_____

_____

_____

晶系：_____

晶体定名：_____

样品编号：_____　　图示：

晶体描述：_____

_____

_____

晶系：_____

晶体定名：_____

样品编号：_____　　图示：

晶体描述：_____

_____

_____

晶系：_____

晶体定名：_____

第二篇　常规宝石鉴定仪器的使用

在宝石鉴定过程中,肉眼鉴定快速、直观,但只能做到初步判断,不能成为确切的鉴定依据。对于切磨、镶嵌后的宝石鉴定,需要借助常规宝石鉴定仪器进行观察、鉴别,给出相对准确的鉴定依据。常用的常规宝石鉴定仪器有:折射仪、偏光镜、分光镜、二色镜、滤色镜、显微镜、紫外荧光仪、热导仪等。

通过实验,掌握各种仪器的主要用途及局限性,熟练掌握各种仪器的操作技能,并对观察结果进行记录和解释,了解各仪器操作、使用的注意事项,学会通过仪器对宝石进行综合鉴定,提供关键依据。以达到在今后的学习、考试及工作中运用自如,能快速、准确地对未知宝石进行鉴定。

实验二　折射仪

一、实验目的

1. 了解折射仪的原理、结构、使用方法及注意事项。

2. 通过实验学会利用折射仪区分均质体与非均质体宝石,并能够准确测量出宝石的折射率及双折射率。

二、实验内容

折射仪是鉴定宝石的重要仪器之一,也最为常用。折射仪除了能准确测出宝石的折射率、双折射率外,还可根据阴影边界的移动情况判断出宝石的轴性及光性符号。

1. 单折射率宝石

单折射率宝石只有一个折射率,主要包括等轴晶系和非晶质宝石,如钻石、玻璃、尖晶石、石榴石等。

2. 双折射率宝石

双折射率宝石有两个或三个折射率,又分为一轴晶宝石与二轴晶宝石。

(1)一轴晶宝石,有两个主折射率,其中一个为不动值,另一个为变动值。如果不动值较大,变动值较小,则宝石为一轴晶正光性宝石,如水晶;如果不动值较小,变动值较大,则宝石为一轴晶负光性宝石,如刚玉、碧玺。

(2)二轴晶宝石,有三个主折射率,每一个晶面只能测量出两个折射率,对不同晶面测量时,折射率均有变动。如果较大值变动范围大于较小值变动范围,则为二轴晶正光性宝石,如金绿宝石、托帕石;如果较大值变动范围小于较小值变动范围,则为二轴晶负光性宝石,如月光石、堇青石。

三、实验操作指导

1.准备工作

（1）将折射仪棱镜清洗干净；

（2）装好光源；

（3）在棱镜上滴一滴折射油，观察阴影边界是否在1.78附近。

2.宝石测定

1）近视法

适用于较大刻面的宝石。

（1）将待测宝石清洗干净，把宝石放在折射仪棱镜上，使宝石与棱镜之间形成良好接触。

（2）通过目镜近距离观察所测宝石的阴影边界，此时所见阴影边界读数即为所测宝石的折射率。

2）远视法（点测法）

适用于小刻面或弧面型宝石，能测出近似折射率。

（1）将待测宝石清洗干净，把宝石放在折射仪棱镜上，使宝石与棱镜之间形成良好接触。

（2）从目镜中观察，可见一接触轮廓，眼睛距离目镜24～30cm距离观察接触轮廓。

（3）当接触轮廓一半明一半暗时，所对应明暗交界的读数即为所测宝石的近似折射率。

四、实践操作与记录

样品编号	宝石名称	颜色	RI： DR：	RI$_点$：
			轴性及光性：	

样品编号	宝石名称	颜色	RI： DR：	RI$_点$：
			轴性及光性：	

样品编号	宝石名称	颜色	RI： DR：	RI$_点$：
			轴性及光性：	

样品编号	宝石名称	颜色	RI： DR：	RI$_点$：
			轴性及光性：	

样品编号	宝石名称	颜色	RI： DR：	RI$_点$：
			轴性及光性：	

样品编号	宝石名称	颜色	RI： DR：	RI点：
			轴性及光性：	

样品编号	宝石名称	颜色	RI： DR：	RI点：
			轴性及光性：	

样品编号	宝石名称	颜色	RI： DR：	RI点：
			轴性及光性：	

样品编号	宝石名称	颜色	RI： DR：	RI点：
			轴性及光性：	

样品编号	宝石名称	颜色	RI： DR：	RI点：
			轴性及光性：	

样品编号	宝石名称	颜色	RI： DR：	RI点：
			轴性及光性：	

样品编号	宝石名称	颜色	RI： DR：	RI点：
			轴性及光性：	

样品编号	宝石名称	颜色	RI： DR：	RI点：
			轴性及光性：	

样品编号	宝石名称	颜色	RI： DR：	RI点：
			轴性及光性：	

样品编号	宝石名称	颜色	RI：		RI$_点$：
			DR：		
			轴性及光性：		

样品编号	宝石名称	颜色	RI：		RI$_点$：
			DR：		
			轴性及光性：		

样品编号	宝石名称	颜色	RI：		RI$_点$：
			DR：		
			轴性及光性：		

样品编号	宝石名称	颜色	RI：		RI$_点$：
			DR：		
			轴性及光性：		

样品编号	宝石名称	颜色	RI：		RI$_点$：
			DR：		
			轴性及光性：		

样品编号	宝石名称	颜色	RI：		RI$_点$：
			DR：		
			轴性及光性：		

样品编号	宝石名称	颜色	RI：		RI$_点$：
			DR：		
			轴性及光性：		

样品编号	宝石名称	颜色	RI：		RI$_点$：
			DR：		
			轴性及光性：		

样品编号	宝石名称	颜色	RI：		RI$_点$：
			DR：		
			轴性及光性：		

样品编号	宝石名称	颜色	RI： DR：	RI点：
			轴性及光性：	

样品编号	宝石名称	颜色	RI： DR：	RI点：
			轴性及光性：	

样品编号	宝石名称	颜色	RI： DR：	RI点：
			轴性及光性：	

样品编号	宝石名称	颜色	RI： DR：	RI点：
			轴性及光性：	

样品编号	宝石名称	颜色	RI： DR：	RI点：
			轴性及光性：	

样品编号	宝石名称	颜色	RI： DR：	RI点：
			轴性及光性：	

样品编号	宝石名称	颜色	RI： DR：	RI点：
			轴性及光性：	

样品编号	宝石名称	颜色	RI： DR：	RI点：
			轴性及光性：	

样品编号	宝石名称	颜色	RI： DR：	RI点：
			轴性及光性：	

实验三　偏光镜

一、实验目的

1.了解偏光镜的使用方法及注意事项。

2.通过实验能够掌握均质体、非均质体、多晶体在偏光镜下的特征。

二、实验内容

偏光镜主要针对半透明至透明宝石,通常作为宝石鉴定的辅助仪器。

1.观察不同类型宝石在偏光镜下的特征,并学会如何描述这些特征,通过这些特征对宝石进行初步判断。

2.学会观察干涉图,具有双折射的透明单晶体宝石在正交偏光下会呈现四明四暗的现象,在正交偏光下寻找宝石光轴方向,可出现干涉色,利用干涉小球观察干涉图,判定宝石的轴性。

三、实验操作指导

1.光性判定

(1)在测试前将偏光镜的上、下偏光片调整到正交(黑暗)位置。

(2)将待测宝石置于下偏光片上或使宝石处于上、下偏光片之间。

(3)转动宝石一周(360°)观察宝石:

①宝石全暗,表明全消光,为单折射宝石;

②宝石全亮,表明集合消光,为多晶质或者裂隙较多的宝石;

③宝石四明四暗,表明正常消光,为双折射宝石;

④宝石出现斑纹状、十字型、格子状及不规则明暗变化,表明异常消光,宝石为各向同性或琥珀、树脂类宝石。

2.干涉图观察

若宝石出现四明四暗正常消光的现象,则可借助干涉小球观察宝石干涉图。

(1)手持或使用镊子夹住宝石进行转动,寻找宝石的光轴方向。在光轴方向上,可见彩色干涉色,如在某一方向观察到干涉色,并转动宝石180°仍可观察到宝石的干涉色,则使用干涉小球在干涉色浓集或容易观察的方位观察干涉图。一轴晶宝石干涉图为具色圈的黑十字或中空黑十字;二轴晶宝石干涉图为具色圈的黑色单臂或双臂。

(2)如干涉色无法通过肉眼观察找到,则可借助干涉小球边转动边观察宝石的每一个位置,即可观察到宝石的干涉图,进而进行判断。

四、实践操作与记录

样品编号：	偏光镜下特征	图示
名称： 琢型： 颜色： 透明度：	1.偏光： 2.干涉小球：	

样品编号：	偏光镜下特征	图示
名称： 琢型： 颜色： 透明度：	1.偏光： 2.干涉小球：	

样品编号：	偏光镜下特征	图示
名称： 琢型： 颜色： 透明度：	1.偏光： 2.干涉小球：	

样品编号：	偏光镜下特征	图示
名称： 琢型： 颜色： 透明度：	1.偏光： 2.干涉小球：	

样品编号：	偏光镜下特征	图示
名称： 琢型： 颜色： 透明度：	1.偏光： 2.干涉小球：	

样品编号：	偏光镜下特征	图示
名称：	1.偏光：	
琢型：		
颜色：	2.干涉小球：	
透明度：		

样品编号：	偏光镜下特征	图示
名称：	1.偏光：	
琢型：		
颜色：	2.干涉小球：	
透明度：		

样品编号：	偏光镜下特征	图示
名称：	1.偏光：	
琢型：		
颜色：	2.干涉小球：	
透明度：		

样品编号：	偏光镜下特征	图示
名称：	1.偏光：	
琢型：		
颜色：	2.干涉小球：	
透明度：		

样品编号：	偏光镜下特征	图示
名称：	1.偏光：	
琢型：		
颜色：	2.干涉小球：	
透明度：		

样品编号：	偏光镜下特征		图示
名称：	1.偏光：		
琢型：			
颜色：	2.干涉小球：		
透明度：			

样品编号：	偏光镜下特征		图示
名称：	1.偏光：		
琢型：			
颜色：	2.干涉小球：		
透明度：			

样品编号：	偏光镜下特征		图示
名称：	1.偏光：		
琢型：			
颜色：	2.干涉小球：		
透明度：			

样品编号：	偏光镜下特征		图示
名称：	1.偏光：		
琢型：			
颜色：	2.干涉小球：		
透明度：			

样品编号：	偏光镜下特征		图示
名称：	1.偏光：		
琢型：			
颜色：	2.干涉小球：		
透明度：			

样品编号：	偏光镜下特征	图示
名称：	1.偏光：	
琢型：		
颜色：	2.干涉小球：	
透明度：		

样品编号：	偏光镜下特征	图示
名称：	1.偏光：	
琢型：		
颜色：	2.干涉小球：	
透明度：		

样品编号：	偏光镜下特征	图示
名称：	1.偏光：	
琢型：		
颜色：	2.干涉小球：	
透明度：		

样品编号：	偏光镜下特征	图示
名称：	1.偏光：	
琢型：		
颜色：	2.干涉小球：	
透明度：		

样品编号：	偏光镜下特征	图示
名称：	1.偏光：	
琢型：		
颜色：	2.干涉小球：	
透明度：		

样品编号：	偏光镜下特征	图示
名称：	1.偏光：	
琢型：		
颜色：		
透明度：	2.干涉小球：	

样品编号：	偏光镜下特征	图示
名称：	1.偏光：	
琢型：		
颜色：		
透明度：	2.干涉小球：	

样品编号：	偏光镜下特征	图示
名称：	1.偏光：	
琢型：		
颜色：		
透明度：	2.干涉小球：	

实验四　分光镜

一、实验目的

1.了解分光镜的原理、结构、使用方法及注意事项。

2.通过实验,使用手持分光镜观察宝石,掌握宝石光谱描述方法及不同宝石的典型特征光谱。

二、实验内容

1.观察宝石的光谱,记录描述并画出大致光谱特征图。

2.从典型光谱的选择性吸收特征,初步判断宝石的致色元素。各致色元素所产生的典型光谱如下:

(1)Cr 元素光谱宝石:红宝石、合成红宝石、红色尖晶石、绿色翡翠等。

(2)Fe 元素光谱宝石:蓝宝石、金绿宝石、铁铝榴石、橄榄石等。

(3)Co 元素光谱宝石:合成蓝色尖晶石、钴玻璃等。

(4)稀土元素光谱宝石:磷灰石、YAG(钇铝榴石)、稀土玻璃等。

(5)放射性元素光谱宝石:锆石。

3.各种宝石光谱吸收带位置不同,牢记特征宝石吸收光谱并学会区分。

三、实验操作指导

1.观察宝石吸收光谱的方法

(1)透射法:适用于所有半透明至透明宝石,光从宝石底部入射,透过宝石后进入手持分光镜,利用手持分光镜观察宝石吸收光谱。

(2)内反射法:适用于颜色浅且较小的透明宝石,将宝石顶刻面向下,让光线从样品斜上方入射,使光线透过宝石从另一侧反射出来,使用分光镜观察反射光。

(3)表面反射法:适用于不透明宝石及弧面型宝石,光从宝石表面反射后,使用分光镜观察反射光。

2.注意事项

(1)使用强光源照射宝石时,使光线投射或从宝石表面反射,手平稳拿住分光镜,离样品约 2cm 处观察。

(2)使用高强度光源照射宝石过久,会让宝石升温,使光谱变得模糊,观察宝石吸收光谱需快速、准确。

(3)将观察到的结果画在光谱框的各个色区中,标明各主要波段,并用文字描述。

(4)无色透明宝石中,分光镜仅可用于观察钻石、锆石、顽火辉石的吸收光谱。

四、实践操作与记录

样品编号：	名称：	琢型：	透明度：	颜色：
700nm　　　　600nm　　　　500nm　　　　400nm				
描述：				

样品编号：	名称：	琢型：	透明度：	颜色：
700nm　　　　600nm　　　　500nm　　　　400nm				
描述：				

样品编号：	名称：	琢型：	透明度：	颜色：
700nm　　　　600nm　　　　500nm　　　　400nm				
描述：				

样品编号：	名称：	琢型：	透明度：	颜色：
700nm　　　　600nm　　　　500nm　　　　400nm				
描述：				

样品编号：	名称：	琢型：	透明度：	颜色：
700nm　　　　600nm　　　　500nm　　　　400nm				
描述：				

样品编号：	名称：	琢型：	透明度：	颜色：
700nm　　　　600nm　　　　500nm　　　　400nm				
描述：				

样品编号：	名称：	琢型：	透明度：	颜色：

700nm　　　　　　600nm　　　　　　500nm　　　　　　400nm

描述：

样品编号：	名称：	琢型：	透明度：	颜色：

700nm　　　　　　600nm　　　　　　500nm　　　　　　400nm

描述：

样品编号：	名称：	琢型：	透明度：	颜色：

700nm　　　　　　600nm　　　　　　500nm　　　　　　400nm

描述：

样品编号：	名称：	琢型：	透明度：	颜色：

700nm　　　　　　600nm　　　　　　500nm　　　　　　400nm

描述：

样品编号：	名称：	琢型：	透明度：	颜色：

700nm　　　　　　600nm　　　　　　500nm　　　　　　400nm

描述：

样品编号：	名称：	琢型：	透明度：	颜色：

700nm　　　　　　600nm　　　　　　500nm　　　　　　400nm

描述：

样品编号：	名称：	琢型：	透明度：	颜色：

700nm　　　　600nm　　　　500nm　　　　400nm

描述：

样品编号：	名称：	琢型：	透明度：	颜色：

700nm　　　　600nm　　　　500nm　　　　400nm

描述：

样品编号：	名称：	琢型：	透明度：	颜色：

700nm　　　　600nm　　　　500nm　　　　400nm

描述：

样品编号：	名称：	琢型：	透明度：	颜色：

700nm　　　　600nm　　　　500nm　　　　400nm

描述：

实验五　二色镜、滤色镜

一、实验目的

1.了解二色镜、滤色镜的原理、使用方法及注意事项。

2.在实验中使用二色镜、滤色镜,认识宝石的多色性及宝石在滤色镜下的特征。

二、实验内容

1.二色镜

二色镜主要针对有色透明的宝石,是一种鉴定宝石的辅助工具。在本实验中利用二色镜观察比较红宝石、合成红宝石、碧玺、海蓝宝石、蓝宝石、坦桑石、托帕石、红色玻璃、尖晶石等宝石的多色性变化特点和不同方向性多色性颜色变化的强弱,学会区分有多色性宝石及无多色性宝石的变化特点,并用文字描述。

2.滤色镜

滤色镜用以检测某些经过颜色处理的宝石,是一种鉴定宝石的辅助工具。在本实验中学会利用滤色镜观察,比较翡翠、染色翡翠、绿玉髓、东陵石、蓝色钴玻璃、青金岩、钇铝榴石、蓝玻璃在滤色镜下的特征,学会描述颜色变化特点并用文字记录。

三、实验指导

1.二色镜使用步骤

(1)将待测宝石清洗干净,放于二色镜前,利用自然光或强光源观察。

(2)观察时,眼睛贴近二色镜目镜。

(3)观察时,转动宝石或者二色镜,分别从 3 个或 3 个以上不同方向观察。

(4)观察时,可在并列窗口看到宝石的多色性,每转动 90°颜色会互相交换。

(5)当在窗口中观察到宝石的多色性时,应再继续转动二色镜做进一步验证,转动 90°后窗口颜色会交换。

(6)如果宝石多色性有两种颜色,则证明所测宝石为双折射率宝石,但不能确定是一轴晶还是二轴晶,但如果有 3 种颜色,则可以确定宝石为二轴晶。

注意事项:

①二色镜中有时可出现一半无色、一半灰色的现象,不要将此现象与多色性相混淆;

②有些宝石具有色带,如紫晶,不要将其色带区域与多色性混淆;

③测定弱多色性宝石时,应持有怀疑态度,如在不确定情况下应放弃多色性检测,采用其他方法。

2.滤色镜使用步骤

(1)利用强光源照射宝石。

(2)使用时滤色镜贴近眼睛并距离宝石 25～30cm,观察宝石在滤色镜下的颜色变化特点。

(3)如果宝石在滤色镜下变红,说明该宝石在滤色镜下有颜色变化。

注意事项：

①由于染色剂类型和含量的差异，使得每一个宝石的反应会有所差异；

②如果滤色镜下宝石不变色，并不能确定该宝石没有进行染色处理；

③滤色镜仅能作为一种辅助鉴定手段，不能作为确切鉴定依据。

四、实践操作与记录

1. 宝石多色性

样品编号	名称	颜色	琢型	透明度

多色性强度：		多色性颜色：	

样品编号	名称	颜色	琢型	透明度

多色性强度：		多色性颜色：	

样品编号	名称	颜色	琢型	透明度

多色性强度：		多色性颜色：	

样品编号	名称	颜色	琢型	透明度

多色性强度：		多色性颜色：	

样品编号	名称	颜色	琢型	透明度

多色性强度：		多色性颜色：	

样品编号	名称	颜色	琢型	透明度

多色性强度：		多色性颜色：	

样品编号	名称	颜色	琢型	透明度

多色性强度：		多色性颜色：	

样品编号	名称	颜色	琢型	透明度

多色性强度：	多色性颜色：

样品编号	名称	颜色	琢型	透明度

多色性强度：	多色性颜色：

样品编号	名称	颜色	琢型	透明度

多色性强度：	多色性颜色：

样品编号	名称	颜色	琢型	透明度

多色性强度：	多色性颜色：

样品编号	名称	颜色	琢型	透明度

多色性强度：	多色性颜色：

样品编号	名称	颜色	琢型	透明度

多色性强度：	多色性颜色：

样品编号	名称	颜色	琢型	透明度

多色性强度：	多色性颜色：

2.滤色镜

样品编号：	名称：	滤色镜下特征
颜色：	透明度：	
琢型：		

样品编号：	名称：	滤色镜下特征
颜色：	透明度：	
琢型：		

样品编号：	名称：	滤色镜下特征
颜色：	透明度：	
琢型：		

样品编号：	名称：	滤色镜下特征
颜色：	透明度：	
琢型：		

样品编号：	名称：	滤色镜下特征
颜色：	透明度：	
琢型：		

样品编号：	名称：	滤色镜下特征
颜色：	透明度：	
琢型：		

样品编号：	名称：	滤色镜下特征
颜色：	透明度：	
琢型：		

样品编号：	名称：	滤色镜下特征
颜色：	透明度：	
琢型：		

样品编号：	名称：	滤色镜下特征
颜色：	透明度：	
琢型：		

样品编号：	名称：	滤色镜下特征
颜色：	透明度：	
琢型：		

样品编号：	名称：	滤色镜下特征
颜色：	透明度：	
琢型：		

样品编号：	名称：	滤色镜下特征
颜色：	透明度：	
琢型：		

样品编号：	名称：	滤色镜下特征
颜色：	透明度：	
琢型：		

样品编号：	名称：	滤色镜下特征
颜色：	透明度：	
琢型：		

样品编号：	名称：	滤色镜下特征
颜色：	透明度：	
琢型：		

样品编号：	名称：	滤色镜下特征
颜色：	透明度：	
琢型：		

样品编号：	名称：	滤色镜下特征
颜色：	透明度：	
琢型：		

实验六　静水称重法

一、实验目的

1.了解密度法(静水称重法)的原理、操作方法及注意事项。

2.在实验中使用静水称重法测量宝石的相对密度,熟练掌握宝石精确相对密度的测定方法。

二、实验内容

测量宝石在空气中、水中的质量,并计算出宝石的相对密度。

三、实习指导

1.静水称重法

使用天平测量待测宝石在空气中的质量,得到 $m_空$;测量宝石在水中的质量,得到 $m_水$。利用相对密度公式可以求出宝石的相对密度,根据所测宝石的相对密度可在常数表上查到相对应的宝石,或者缩小宝石的鉴定范围。

$$宝石相对密度=\frac{宝石在空气中的质量}{宝石在空气中的质量-宝石在水中的质量} \quad 或 \quad SG=\frac{m_空}{m_空-m_水}$$

2.净水称重法注意事项

(1)测量前检查仪器是否良好。

(2)在空气中或水中称重。

(3)测量时可在水中加一滴洗涤剂,消除水中气泡,减小测量误差。

四、实践操作与记录

样品编号:	$m_空$:	$m_水$:	相对密度:	平均相对密度
宝石名称:	$m_空$:	$m_水$:	相对密度:	
琢型:	$m_空$:	$m_水$:	相对密度:	

样品编号:	$m_空$:	$m_水$:	相对密度:	平均相对密度
宝石名称:	$m_空$:	$m_水$:	相对密度:	
琢型:	$m_空$:	$m_水$:	相对密度:	

样品编号:	$m_空$:	$m_水$:	相对密度:	平均相对密度
宝石名称:	$m_空$:	$m_水$:	相对密度:	
琢型:	$m_空$:	$m_水$:	相对密度:	

样品编号：	$m_空$：	$m_水$：	相对密度：	平均相对密度
宝石名称：	$m_空$：	$m_水$：	相对密度：	
琢型：	$m_空$：	$m_水$：	相对密度：	

样品编号：	$m_空$：	$m_水$：	相对密度：	平均相对密度
宝石名称：	$m_空$：	$m_水$：	相对密度：	
琢型：	$m_空$：	$m_水$：	相对密度：	

样品编号：	$m_空$：	$m_水$：	相对密度：	平均相对密度
宝石名称：	$m_空$：	$m_水$：	相对密度：	
琢型：	$m_空$：	$m_水$：	相对密度：	

样品编号：	$m_空$：	$m_水$：	相对密度：	平均相对密度
宝石名称：	$m_空$：	$m_水$：	相对密度：	
琢型：	$m_空$：	$m_水$：	相对密度：	

样品编号：	$m_空$：	$m_水$：	相对密度：	平均相对密度
宝石名称：	$m_空$：	$m_水$：	相对密度：	
琢型：	$m_空$：	$m_水$：	相对密度：	

样品编号：	$m_空$：	$m_水$：	相对密度：	平均相对密度
宝石名称：	$m_空$：	$m_水$：	相对密度：	
琢型：	$m_空$：	$m_水$：	相对密度：	

样品编号：	$m_空$：	$m_水$：	相对密度：	平均相对密度
宝石名称：	$m_空$：	$m_水$：	相对密度：	
琢型：	$m_空$：	$m_水$：	相对密度：	

样品编号：	$m_空$：	$m_水$：	相对密度：	平均相对密度
宝石名称：	$m_空$：	$m_水$：	相对密度：	
琢型：	$m_空$：	$m_水$：	相对密度：	

样品编号：	$m_空$：	$m_水$：	相对密度：	平均相对密度
宝石名称：	$m_空$：	$m_水$：	相对密度：	
琢型：	$m_空$：	$m_水$：	相对密度：	

样品编号：	$m_空$：	$m_水$：	相对密度：	平均相对密度
宝石名称：	$m_空$：	$m_水$：	相对密度：	
琢型：	$m_空$：	$m_水$：	相对密度：	

样品编号：	$m_空$：	$m_水$：	相对密度：	平均相对密度
宝石名称：	$m_空$：	$m_水$：	相对密度：	
琢型：	$m_空$：	$m_水$：	相对密度：	

样品编号：	$m_空$：	$m_水$：	相对密度：	平均相对密度
宝石名称：	$m_空$：	$m_水$：	相对密度：	
琢型：	$m_空$：	$m_水$：	相对密度：	

样品编号：	$m_空$：	$m_水$：	相对密度：	平均相对密度
宝石名称：	$m_空$：	$m_水$：	相对密度：	
琢型：	$m_空$：	$m_水$：	相对密度：	

实验七 显微镜、紫外荧光仪

一、实验目的

1. 了解显微镜、紫外荧光仪的原理、结构、操作方法及注意事项。

2. 在实验中使用显微镜,观察宝石表面、内部特征,观察宝石内含物,学会分辨固体、液体、气体包裹体。

3. 在实验中使用紫外荧光灯,观察宝石是否具有荧光或磷光以及宝石荧光的强弱和颜色。

二、实验内容

1. 显微镜

(1)观察宝石外部(表面)特征:表面擦痕、刮痕、凹坑、刻面棱磨损程度、裂隙分布。

(2)观察宝石内部特征:愈合裂隙、刻面棱重影现象、生长色带、包裹体(固体、液体、气体包裹体)。

(3)观察宝石结构特征:断口、解理、裂隙,是否存在注塑、注胶、注油、固体充填等现象。

(4)观察拼合宝石特征:找出拼合宝石的拼合缝、拼合面上的气泡、拼合部分的光泽和颜色差异。

2. 紫外荧光仪

使用紫外荧光仪检测宝石,可观察宝石的荧光和磷光特征。宝石在紫外荧光仪下有发光现象,则宝石有荧光,在关闭荧光仪之后宝石仍有发光,则说明宝石有磷光;若宝石局部发光,则可能是宝石中的包裹体或宝石中有油、染剂,需进一步观察;若宝石不发光,则宝石的发光性为惰性。

三、实验指导

1. 显微镜

(1)将待测宝石清洗干净,使用显微镜上的镊子夹住宝石。

(2)根据两眼宽度调节两目镜间距。

(3)调节焦距(准焦)。

(4)打开显微镜光源,根据使用需要选择照明方式:

①暗域照明——底光源经反射器反射后照射宝石,宝石的内部特征在暗色背景上清晰可见,是一种最常见的照明方式。

②亮域照明——底部光源直接照射宝石,穿过宝石后进入显微镜目镜,此方法利于观察宝石内部色带、生长纹等。

③顶部照明——光源从宝石顶部照射宝石,此方法利于观察宝石表面特征和不透明宝石。

(5)从低放大倍数到高放大倍数观察宝石表面及内部特征。

(6)观察宝石时应从不同方向观察。

注意事项:

(1)不可对显微镜的机械部位用力过猛。

（2）显微镜要注意防尘、防震,不用时应置于箱中或套上镜罩。

（3）不能用手触摸任何镜头,若需清洁镜头,则用镜头纸或特制镜头布擦拭。

（4）不用时应将显微镜灯光亮度调至最低档后关掉显微镜灯。打开显微镜光源时应保证显微镜灯光亮度调节旋钮处于最低档；更换显微镜灯泡时,不可直接用手接触灯泡,以免缩短照明灯泡的使用寿命。

（5）使用完毕,将物镜调至最低点,以免缩短调焦旋钮的使用寿命。

2.紫外荧光仪

（1）清洗宝石,将宝石放入紫外荧光仪内,将盖子盖严。

（2）接入电源,打开开关,先在长波下观察宝石,然后在短波下观察。

（3）在黑暗的环境中,眼睛适应后观察宝石是否发光。

（4）转动宝石,从不同方向观察,若宝石出现整体发光现象,则宝石具有荧光,若不发光,则宝石为惰性。

（5）关掉紫外荧光仪之后,宝石若继续发光一段时间,则说明宝石具有磷光。

注意事项：

（1）紫外线会对眼睛和皮肤造成伤害,不能用眼睛直视紫外荧光灯管。

（2）当紫外荧光灯调节到短波或长波下时,不能直接将手伸进仪器内。

（3）同类宝石不同样品,因含杂质、结构上应变及类质同像等方面的差异,荧光可能会有所不同。

（4）某些宝石会出现局部发光,如青金岩中方解石会发荧光,某些经过注油及染色处理的宝石中的油和染剂可能会发出荧光。

（5）宝石荧光现象仅作为一种辅助鉴定手段,不能作为决定性证据。

（6）黑色背景有利于宝石荧光的观察。

四、实践操作与记录

1.显微镜

样品编号		名称		颜色		琢型		透明度		光泽	
表面特征：					内部特征：						

样品编号		名称		颜色		琢型		透明度		光泽	
表面特征：					内部特征：						

样品编号		名称		颜色		琢型		透明度		光泽	
表面特征：					内部特征：						

样品编号		名称		颜色		琢型		透明度		光泽	
表面特征：						内部特征：					

样品编号		名称		颜色		琢型		透明度		光泽	
表面特征：						内部特征：					

样品编号		名称		颜色		琢型		透明度		光泽	
表面特征：						内部特征：					

样品编号		名称		颜色		琢型		透明度		光泽	
表面特征：						内部特征：					

样品编号		名称		颜色		琢型		透明度		光泽	
表面特征：						内部特征：					

样品编号		名称		颜色		琢型		透明度		光泽	
表面特征：						内部特征：					

样品编号		名称		颜色		琢型		透明度		光泽	
表面特征：						内部特征：					

样品编号		名称		颜色		琢型		透明度		光泽	
表面特征：						内部特征：					

样品编号		名称		颜色		琢型		透明度		光泽	
表面特征：						内部特征：					

样品编号		名称		颜色		琢型		透明度		光泽	
表面特征：						内部特征：					

样品编号		名称		颜色		琢型		透明度		光泽	
表面特征：						内部特征：					

样品编号		名称		颜色		琢型		透明度		光泽	
表面特征：						内部特征：					

样品编号		名称		颜色		琢型		透明度		光泽	
表面特征：						内部特征：					

样品编号		名称		颜色		琢型		透明度		光泽	
表面特征：						内部特征：					

样品编号		名称		颜色		琢型		透明度		光泽	
表面特征：						内部特征：					

样品编号		名称		颜色		琢型		透明度		光泽	
表面特征：						内部特征：					

样品编号		名称		颜色		琢型		透明度		光泽	
表面特征：					内部特征：						

样品编号		名称		颜色		琢型		透明度		光泽	
表面特征：					内部特征：						

样品编号		名称		颜色		琢型		透明度		光泽	
表面特征：					内部特征：						

样品编号		名称		颜色		琢型		透明度		光泽	
表面特征：					内部特征：						

样品编号		名称		颜色		琢型		透明度		光泽	
表面特征：					内部特征：						

样品编号		名称		颜色		琢型		透明度		光泽	
表面特征：					内部特征：						

2.紫外荧光仪

样品编号		名称		荧光强度		荧光颜色	
				长波(LW)	短波(SW)	长波(LW)	短波(SW)
颜色		透明度					
琢型		磷光					

样品编号		名称		荧光强度		荧光颜色	
				长波(LW)	短波(SW)	长波(LW)	短波(SW)
颜色		透明度					
琢型		磷光					

样品编号		名称		荧光强度		荧光颜色	
颜色		透明度		长波（LW）	短波（SW）	长波（LW）	短波（SW）
琢型		磷光					

样品编号		名称		荧光强度		荧光颜色	
颜色		透明度		长波（LW）	短波（SW）	长波（LW）	短波（SW）
琢型		磷光					

样品编号		名称		荧光强度		荧光颜色	
颜色		透明度		长波（LW）	短波（SW）	长波（LW）	短波（SW）
琢型		磷光					

样品编号		名称		荧光强度		荧光颜色	
颜色		透明度		长波（LW）	短波（SW）	长波（LW）	短波（SW）
琢型		磷光					

样品编号		名称		荧光强度		荧光颜色	
颜色		透明度		长波（LW）	短波（SW）	长波（LW）	短波（SW）
琢型		磷光					

样品编号		名称		荧光强度		荧光颜色	
颜色		透明度		长波（LW）	短波（SW）	长波（LW）	短波（SW）
琢型		磷光					

样品编号		名称		荧光强度		荧光颜色	
颜色		透明度		长波（LW）	短波（SW）	长波（LW）	短波（SW）
琢型		磷光					

样品编号		名称		荧光强度		荧光颜色	
颜色		透明度		长波（LW）	短波（SW）	长波（LW）	短波（SW）
琢型		磷光					

样品编号		名称		荧光强度		荧光颜色	
颜色		透明度		长波（LW）	短波（SW）	长波（LW）	短波（SW）
琢型		磷光					

样品编号		名称		荧光强度		荧光颜色	
颜色		透明度		长波（LW）	短波（SW）	长波（LW）	短波（SW）
琢型		磷光					

样品编号		名称		荧光强度		荧光颜色	
颜色		透明度		长波（LW）	短波（SW）	长波（LW）	短波（SW）
琢型		磷光					

样品编号		名称		荧光强度		荧光颜色	
颜色		透明度		长波（LW）	短波（SW）	长波（LW）	短波（SW）
琢型		磷光					

样品编号		名称		荧光强度		荧光颜色	
颜色		透明度		长波（LW）	短波（SW）	长波（LW）	短波（SW）
琢型		磷光					

样品编号		名称		荧光强度		荧光颜色	
颜色		透明度		长波（LW）	短波（SW）	长波（LW）	短波（SW）
琢型		磷光					

样品编号		名称		荧光强度		荧光颜色	
颜色		透明度		长波（LW）	短波（SW）	长波（LW）	短波（SW）
琢型		磷光					

样品编号		名称		荧光强度		荧光颜色	
颜色		透明度		长波（LW）	短波（SW）	长波（LW）	短波（SW）
琢型		磷光					

第三篇　珠宝玉石的鉴定

实验八　玉石的鉴定

一、实验目的

1.熟悉和掌握一些常见玉石品种的基本性质和特征。

2.重点掌握优化、处理翡翠的鉴定特征,并确定其类型。

3.掌握一些常见玉石的鉴定方法。

4.了解一些非常见玉石的基本特征。

二、实验内容

鉴定翡翠、软玉、石英质玉石、欧泊、岫玉(蛇纹石质玉)、绿松石、青金岩、方钠石、孔雀石等玉石及其相似品种。

三、实验指导

1.认真观察翡翠的外观特征,重点识别天然翡翠(A 货)、漂白＋聚合物充填翡翠(B货)、染色处理翡翠(C货)。

2.翡翠与独山玉、水钙铝榴石、葡萄石的鉴定。

3.掌握软玉与蛇纹石玉的性质与特征,以及它们之间的相互区别。

4.熟悉欧泊的 3 个品种,重点掌握欧泊与合成欧泊、欧泊仿制品以及优化处理品的鉴别。

5.掌握石英岩、玉髓、木变石的定名及其鉴定特征。

6.熟悉绿松石、青金岩、孔雀石的性质和特征。

(1)掌握绿松石与合成绿松石、青金岩与合成青金岩的鉴别。

(2)掌握绿松石、合成绿松石和再造绿松石的鉴别。

(3)观察和认识孔雀石与硅孔雀石,并能把二者区别开来。

7.观察和测定蛇纹石质玉、独山玉的结构与特征,掌握它们的鉴定方法。

8.观察和测定一些非常见玉石的样品。观察和测定天然玻璃、萤石、查罗石、钠长石、硬玉、蔷薇辉石、葡萄石、方解石(大理石)、菱锰矿、水钙铝榴石等非常见玉石的样品。

四、实践操作与记录

样品编号		名称		琢型	
透明度		颜色		光泽	
肉眼及放大观察			仪器测试		

样品编号		名称		琢型	
透明度		颜色		光泽	
肉眼及放大观察			仪器测试		

样品编号		名称		琢型	
透明度		颜色		光泽	
肉眼及放大观察			仪器测试		

样品编号		名称		琢型	
透明度		颜色		光泽	
肉眼及放大观察			仪器测试		

样品编号		名称		琢型	
透明度		颜色		光泽	
肉眼及放大观察			仪器测试		

样品编号		名称		琢型	
透明度		颜色		光泽	
肉眼及放大观察			仪器测试		

样品编号		名称		琢型	
透明度		颜色		光泽	
肉眼及放大观察			仪器测试		

样品编号		名称		琢型	
透明度		颜色		光泽	
肉眼及放大观察			仪器测试		

样品编号		名称		琢型	
透明度		颜色		光泽	
肉眼及放大观察			仪器测试		

样品编号		名称		琢型	
透明度		颜色		光泽	
肉眼及放大观察			仪器测试		

样品编号		名称		琢型	
透明度		颜色		光泽	
肉眼及放大观察			仪器测试		

样品编号		名称		琢型	
透明度		颜色		光泽	
肉眼及放大观察			仪器测试		

样品编号		名称		琢型	
透明度		颜色		光泽	
肉眼及放大观察			仪器测试		

样品编号		名称		琢型	
透明度		颜色		光泽	
肉眼及放大观察			仪器测试		

样品编号		名称		琢型	
透明度		颜色		光泽	
肉眼及放大观察			仪器测试		

样品编号		名称		琢型	
透明度		颜色		光泽	
肉眼及放大观察			仪器测试		

样品编号		名称		琢型	
透明度		颜色		光泽	
肉眼及放大观察			仪器测试		

样品编号		名称		琢型	
透明度		颜色		光泽	
肉眼及放大观察			仪器测试		

样品编号		名称		琢型	
透明度		颜色		光泽	
肉眼及放大观察			仪器测试		

样品编号		名称		琢型	
透明度		颜色		光泽	
肉眼及放大观察			仪器测试		

实验九　有机宝石的鉴定

一、实验目的

1. 掌握有机宝石的鉴别方法。

2. 重点掌握养殖珍珠与仿珍珠的鉴别；珊瑚与仿珊瑚、染色珊瑚的鉴别；琥珀与再造琥珀、仿琥珀(塑料)的鉴别；象牙与骨质材料的鉴别。

二、实验内容

(1)鉴别珍珠、养殖珍珠、仿珍珠。

(2)鉴别珊瑚、染色珊瑚、仿珊瑚。

(3)鉴别琥珀、再造琥珀、仿琥珀(塑料)。

(4)鉴别砗磲、象牙、骨质材料。

(5)鉴别硅化木、煤精、贝壳、龟甲等。

三、实验指导

1. 重点掌握养殖珍珠与仿珍珠的鉴别。

2. 养殖珍珠有核与无核的鉴别：

(1)强光透射法观察：转动养殖珍珠，强透射光观察，可见珠核呈圆球状，有时可见平行条带。

(2)密度：无核珍珠密度一般小于 $2.70g/cm^3$。

(3)形态：椭圆、偏圆、畸形珠一般无核。

3. 珊瑚、仿珊瑚与染色珊瑚的鉴别。

(1)珊瑚(钙质)

密度为 $2.65(\pm0.05)g/cm^3$，折射率为 $1.486\sim1.658$，具特有的构造特征。由于颜色、透明度稍不同而显示出横切面上具有同心圆状构造和放射纹，纵切面具平行波状纹。

(2)仿珊瑚

①大理岩染色——晶粒边界染色明显，不具珊瑚的构造，可有层纹，不透明，玻璃光泽；

②骨料染色——不透明，蜡状光泽，折射率为 1.54，密度为 $(1.70\sim1.95)g/cm^3$，具同心圆和近平行的纵纹，具骨髓、鬃眼等特征，摩擦部位色浅，颜色表里不一；

③吉尔森"合成珊瑚"——所谓的吉尔森"合成珊瑚"其实是一种仿珊瑚，折射率为 $1.48\sim1.65$，密度为 $2.44g/cm^3$，颜色分布均匀，微细粒结构。

4. 琥珀与仿琥珀的鉴别。

与琥珀易混淆的有硬树脂、松香、塑料，鉴别如下。

(1)硬树脂。地质年代较新的半石化树脂，可以通过乙醚实验与紫外荧光 SW 鉴别：通过乙醚实验，硬树脂会软化并发黏，琥珀则不会出现；通过紫外荧光 SW，硬树脂表现为强白色荧光，而琥珀为弱荧光。

(2)松香。未经地质作用的树脂，呈淡黄色，树脂光泽，质轻，硬度小，用手可捏成粉末，表面有许多油滴状气泡，燃烧时具有芳香味，紫外荧光 SW 为强绿色荧光。

（3）塑料仿琥珀。塑料仿琥珀在饱和盐水（密度为 $1.08g/cm^3$）中下沉，琥珀则悬浮，塑料中只有聚苯乙烯在饱和盐水中上浮，但其折射率为 1.59，高于琥珀，另外还具云雾状构造。

5.象牙与骨质材料的鉴别。

6.琥珀与再造琥珀的鉴别。

7.其他有机宝石的鉴别。

四、实践操作并记录

样品编号		名称		琢型	
透明度		颜色		光泽	
肉眼及放大观察			仪器测试		

样品编号		名称		琢型	
透明度		颜色		光泽	
肉眼及放大观察			仪器测试		

样品编号		名称		琢型	
透明度		颜色		光泽	
肉眼及放大观察			仪器测试		

样品编号		名称		琢型	
透明度		颜色		光泽	
肉眼及放大观察			仪器测试		

样品编号		名称		琢型	
透明度		颜色		光泽	
肉眼及放大观察			仪器测试		

样品编号		名称		琢型	
透明度		颜色		光泽	
肉眼及放大观察			仪器测试		

样品编号		名称		琢型	
透明度		颜色		光泽	
肉眼及放大观察			仪器测试		

样品编号		名称		琢型	
透明度		颜色		光泽	
肉眼及放大观察			仪器测试		

样品编号		名称		琢型	
透明度		颜色		光泽	
肉眼及放大观察			仪器测试		

样品编号		名称		琢型	
透明度		颜色		光泽	
肉眼及放大观察			仪器测试		

样品编号		名称		琢型	
透明度		颜色		光泽	
肉眼及放大观察			仪器测试		

样品编号		名称		琢型	
透明度		颜色		光泽	
肉眼及放大观察			仪器测试		

样品编号		名称		琢型	
透明度		颜色		光泽	
肉眼及放大观察			仪器测试		

样品编号		名称		琢型	
透明度		颜色		光泽	
肉眼及放大观察			仪器测试		

样品编号		名称		琢型	
透明度		颜色		光泽	
肉眼及放大观察			仪器测试		

样品编号		名称		琢型	
透明度		颜色		光泽	
肉眼及放大观察			仪器测试		

样品编号		名称		琢型	
透明度		颜色		光泽	
肉眼及放大观察			仪器测试		

样品编号		名称		琢型	
透明度		颜色		光泽	
肉眼及放大观察			仪器测试		

样品编号		名称		琢型	
透明度		颜色		光泽	
肉眼及放大观察			仪器测试		

样品编号		名称		琢型	
透明度		颜色		光泽	
肉眼及放大观察			仪器测试		

样品编号		名称		琢型	
透明度		颜色		光泽	
肉眼及放大观察			仪器测试		

实验十　宝石的综合鉴定

　　宝石综合鉴定主要是通过掌握常见宝石的鉴定特征,全面系统的观察和测试,给出准确鉴定宝石的关键性依据。每个宝石品种都有其鉴定特征,掌握这些鉴定特征可以帮助我们快速、准确地鉴别各类宝石。

一、实验目的

　　1.掌握常规鉴定仪器的综合使用方法。

　　2.掌握常见宝石的鉴定特征。

　　3.根据所测得的有效依据准确定名。

二、实验内容

　　1.熟练掌握系统鉴定宝石的方法,对于不同宝石,正确判断并使用关键性测试方法。

　　2.快速、准确地进行宝石的综合鉴定测试,列出可靠的测试依据。

　　3.认真完成实验表格的填写,正确定出宝石名称。

三、实验指导

　　1.各宝石品种的关键性测试方法各不相同,鉴定时必须列出可靠测试方法,不能仅列出非确定性的测试依据。

　　2.每种宝石的定名必须具备 3 条及以上鉴定依据,不能仅靠 1～2 条依据就轻易定论。

　　3.测试中如果发现某条鉴定依据与其他依据有较大出入,必须多方多次求证,找出充足的理由予以证明。

　　4.显微镜、折射仪、偏光仪、二色镜及相对密度测试是常用测试手段,鉴定时,可以首先考虑。

　　5.全面系统地掌握宝石资料及关键性鉴定特征是未知宝石鉴定的可靠保证。

四、实践操作与记录

样品编号		折射率(RI)	
颜色		双折射率(DR)	
琢型		折射率(点测)	
光泽		相对密度(SG)	
透明度		紫外荧光	LW:
特殊光学效应			SW:
偏光镜测试	现象:	放大观察:	
	结论:		
多色性	强度:		
	颜色:	定名:＿＿＿＿＿＿	

样品编号			折射率（RI）	
颜色			双折射率（DR）	
琢型			折射率（点测）	
光泽			相对密度（SG）	
透明度			紫外荧光	LW：
特殊光学效应				SW：
偏光镜测试	现象：		放大观察：	
	结论：			
多色性	强度：			
	颜色：		定名：_____	

样品编号			折射率（RI）	
颜色			双折射率（DR）	
琢型			折射率（点测）	
光泽			相对密度（SG）	
透明度			紫外荧光	LW：
特殊光学效应				SW：
偏光镜测试	现象：		放大观察：	
	结论：			
多色性	强度：			
	颜色：		定名：_____	

样品编号			折射率（RI）	
颜色			双折射率（DR）	
琢型			折射率（点测）	
光泽			相对密度（SG）	
透明度			紫外荧光	LW：
特殊光学效应				SW：
偏光镜测试	现象：		放大观察：	
	结论：			
多色性	强度：			
	颜色：		定名：_____	

样品编号			折射率（RI）		
颜色			双折射率（DR）		
琢型			折射率（点测）		
光泽			相对密度（SG）		
透明度			紫外荧光	LW：	
特殊光学效应				SW：	
偏光镜测试	现象：		放大观察：		
	结论：				
多色性	强度：				
	颜色：		定名：＿＿＿＿＿		

样品编号			折射率（RI）		
颜色			双折射率（DR）		
琢型			折射率（点测）		
光泽			相对密度（SG）		
透明度			紫外荧光	LW：	
特殊光学效应				SW：	
偏光镜测试	现象：		放大观察：		
	结论：				
多色性	强度：				
	颜色：		定名：＿＿＿＿＿		

样品编号			折射率（RI）		
颜色			双折射率（DR）		
琢型			折射率（点测）		
光泽			相对密度（SG）		
透明度			紫外荧光	LW：	
特殊光学效应				SW：	
偏光镜测试	现象：		放大观察：		
	结论：				
多色性	强度：				
	颜色：		定名：＿＿＿＿＿		

样品编号			折射率（RI）	
颜色			双折射率（DR）	
琢型			折射率（点测）	
光泽			相对密度（SG）	
透明度			紫外荧光	LW：
特殊光学效应				SW：
偏光镜测试	现象：		放大观察：	
	结论：			
多色性	强度：			
	颜色：		定名：＿＿＿＿＿＿	

样品编号			折射率（RI）	
颜色			双折射率（DR）	
琢型			折射率（点测）	
光泽			相对密度（SG）	
透明度			紫外荧光	LW：
特殊光学效应				SW：
偏光镜测试	现象：		放大观察：	
	结论：			
多色性	强度：			
	颜色：		定名：＿＿＿＿＿＿	

样品编号			折射率（RI）	
颜色			双折射率（DR）	
琢型			折射率（点测）	
光泽			相对密度（SG）	
透明度			紫外荧光	LW：
特殊光学效应				SW：
偏光镜测试	现象：		放大观察：	
	结论：			
多色性	强度：			
	颜色：		定名：＿＿＿＿＿＿	

样品编号		折射率（RI）	
颜色		双折射率（DR）	
琢型		折射率（点测）	
光泽		相对密度（SG）	
透明度		紫外荧光	LW：
特殊光学效应			SW：
偏光镜测试	现象：	放大观察：	
	结论：		
多色性	强度：		
	颜色：	定名：_____	

样品编号		折射率（RI）	
颜色		双折射率（DR）	
琢型		折射率（点测）	
光泽		相对密度（SG）	
透明度		紫外荧光	LW：
特殊光学效应			SW：
偏光镜测试	现象：	放大观察：	
	结论：		
多色性	强度：		
	颜色：	定名：_____	

样品编号		折射率（RI）	
颜色		双折射率（DR）	
琢型		折射率（点测）	
光泽		相对密度（SG）	
透明度		紫外荧光	LW：
特殊光学效应			SW：
偏光镜测试	现象：	放大观察：	
	结论：		
多色性	强度：		
	颜色：	定名：_____	

样品编号		折射率（RI）	
颜色		双折射率（DR）	
琢型		折射率（点测）	
光泽		相对密度（SG）	
透明度		紫外荧光	LW：
特殊光学效应			SW：
偏光镜测试	现象：	放大观察：	
	结论：		
多色性	强度：		
	颜色：	定名：＿＿＿＿＿＿	

样品编号		折射率（RI）	
颜色		双折射率（DR）	
琢型		折射率（点测）	
光泽		相对密度（SG）	
透明度		紫外荧光	LW：
特殊光学效应			SW：
偏光镜测试	现象：	放大观察：	
	结论：		
多色性	强度：		
	颜色：	定名：＿＿＿＿＿＿	

样品编号		折射率（RI）	
颜色		双折射率（DR）	
琢型		折射率（点测）	
光泽		相对密度（SG）	
透明度		紫外荧光	LW：
特殊光学效应			SW：
偏光镜测试	现象：	放大观察：	
	结论：		
多色性	强度：		
	颜色：	定名：＿＿＿＿＿＿	

样品编号			折射率（RI）	
颜色			双折射率（DR）	
琢型			折射率（点测）	
光泽			相对密度（SG）	
透明度			紫外荧光	LW：
特殊光学效应				SW：
偏光镜测试	现象：		放大观察：	
	结论：			
多色性	强度：			
	颜色：		定名：_____	

样品编号			折射率（RI）	
颜色			双折射率（DR）	
琢型			折射率（点测）	
光泽			相对密度（SG）	
透明度			紫外荧光	LW：
特殊光学效应				SW：
偏光镜测试	现象：		放大观察：	
	结论：			
多色性	强度：			
	颜色：		定名：_____	

样品编号			折射率（RI）	
颜色			双折射率（DR）	
琢型			折射率（点测）	
光泽			相对密度（SG）	
透明度			紫外荧光	LW：
特殊光学效应				SW：
偏光镜测试	现象：		放大观察：	
	结论：			
多色性	强度：			
	颜色：		定名：_____	

样品编号			折射率（RI）		
颜色			双折射率（DR）		
琢型			折射率（点测）		
光泽			相对密度（SG）		
透明度			紫外荧光	LW：	
特殊光学效应				SW：	
偏光镜测试	现象：		放大观察：		
	结论：				
多色性	强度：				
	颜色：		定名：_____		

样品编号			折射率（RI）		
颜色			双折射率（DR）		
琢型			折射率（点测）		
光泽			相对密度（SG）		
透明度			紫外荧光	LW：	
特殊光学效应				SW：	
偏光镜测试	现象：		放大观察：		
	结论：				
多色性	强度：				
	颜色：		定名：_____		

样品编号			折射率（RI）		
颜色			双折射率（DR）		
琢型			折射率（点测）		
光泽			相对密度（SG）		
透明度			紫外荧光	LW：	
特殊光学效应				SW：	
偏光镜测试	现象：		放大观察：		
	结论：				
多色性	强度：				
	颜色：		定名：_____		

样品编号			折射率（RI）		
颜色			双折射率（DR）		
琢型			折射率（点测）		
光泽			相对密度（SG）		
透明度			紫外荧光	LW：	
特殊光学效应				SW：	
偏光镜测试	现象：		放大观察：		
	结论：				
多色性	强度：				
	颜色：		定名：_____		

样品编号			折射率（RI）		
颜色			双折射率（DR）		
琢型			折射率（点测）		
光泽			相对密度（SG）		
透明度			紫外荧光	LW：	
特殊光学效应				SW：	
偏光镜测试	现象：		放大观察：		
	结论：				
多色性	强度：				
	颜色：		定名：_____		

样品编号			折射率（RI）		
颜色			双折射率（DR）		
琢型			折射率（点测）		
光泽			相对密度（SG）		
透明度			紫外荧光	LW：	
特殊光学效应				SW：	
偏光镜测试	现象：		放大观察：		
	结论：				
多色性	强度：				
	颜色：		定名：_____		

样品编号			折射率（RI）		
颜色			双折射率（DR）		
琢型			折射率（点测）		
光泽			相对密度（SG）		
透明度			紫外荧光	LW：	
特殊光学效应				SW：	
偏光镜测试	现象：		放大观察：		
	结论：				
多色性	强度：				
	颜色：		定名：＿＿＿＿＿＿		

样品编号			折射率（RI）		
颜色			双折射率（DR）		
琢型			折射率（点测）		
光泽			相对密度（SG）		
透明度			紫外荧光	LW：	
特殊光学效应				SW：	
偏光镜测试	现象：		放大观察：		
	结论：				
多色性	强度：				
	颜色：		定名：＿＿＿＿＿＿		

样品编号			折射率（RI）		
颜色			双折射率（DR）		
琢型			折射率（点测）		
光泽			相对密度（SG）		
透明度			紫外荧光	LW：	
特殊光学效应				SW：	
偏光镜测试	现象：		放大观察：		
	结论：				
多色性	强度：				
	颜色：		定名：＿＿＿＿＿＿		

样品编号			折射率（RI）	
颜色			双折射率（DR）	
琢型			折射率（点测）	
光泽			相对密度（SG）	
透明度			紫外荧光	LW：
特殊光学效应				SW：
偏光镜测试	现象：		放大观察：	
	结论：			
多色性	强度：			
	颜色：		定名：＿＿＿＿＿＿＿	

样品编号			折射率（RI）	
颜色			双折射率（DR）	
琢型			折射率（点测）	
光泽			相对密度（SG）	
透明度			紫外荧光	LW：
特殊光学效应				SW：
偏光镜测试	现象：		放大观察：	
	结论：			
多色性	强度：			
	颜色：		定名：＿＿＿＿＿＿＿	

样品编号			折射率（RI）	
颜色			双折射率（DR）	
琢型			折射率（点测）	
光泽			相对密度（SG）	
透明度			紫外荧光	LW：
特殊光学效应				SW：
偏光镜测试	现象：		放大观察：	
	结论：			
多色性	强度：			
	颜色：		定名：＿＿＿＿＿＿＿	

样品编号		颜色		琢型	
透明度		光泽			
鉴定依据： （至少三条）					

定名：＿＿＿＿＿＿＿＿＿

样品编号		颜色		琢型	
透明度		光泽			
鉴定依据： （至少三条）					

定名：＿＿＿＿＿＿＿＿＿

样品编号		颜色		琢型	
透明度		光泽			
鉴定依据： （至少三条）					

定名：＿＿＿＿＿＿＿＿＿

样品编号		颜色		琢型	
透明度		光泽			
鉴定依据： （至少三条）					

定名：＿＿＿＿＿＿＿＿＿

样品编号		颜色		琢型	
透明度		光泽			
鉴定依据： （至少三条）					

定名：＿＿＿＿＿＿＿＿＿

样品编号		颜色		琢型	
透明度		光泽			
鉴定依据： （至少三条）					

定名：＿＿＿＿＿＿＿＿＿

样品编号		颜色		琢型	
透明度		光泽			
鉴定依据： （至少三条）					
				定名：＿＿＿＿＿	

样品编号		颜色		琢型	
透明度		光泽			
鉴定依据： （至少三条）					
				定名：＿＿＿＿＿	

样品编号		颜色		琢型	
透明度		光泽			
鉴定依据： （至少三条）					
				定名：＿＿＿＿＿	

样品编号		颜色		琢型	
透明度		光泽			
鉴定依据： （至少三条）					
				定名：＿＿＿＿＿	

样品编号		颜色		琢型	
透明度		光泽			
鉴定依据： （至少三条）					
				定名：＿＿＿＿＿	

样品编号		颜色		琢型	
透明度		光泽			
鉴定依据： （至少三条）					
				定名：＿＿＿＿＿	

样品编号		颜色		琢型	
透明度		光泽			
鉴定依据： （至少三条）					

定名：＿＿＿＿＿＿＿＿＿

样品编号		颜色		琢型	
透明度		光泽			
鉴定依据： （至少三条）					

定名：＿＿＿＿＿＿＿＿＿

样品编号		颜色		琢型	
透明度		光泽			
鉴定依据： （至少三条）					

定名：＿＿＿＿＿＿＿＿＿

样品编号		颜色		琢型	
透明度		光泽			
鉴定依据： （至少三条）					

定名：＿＿＿＿＿＿＿＿＿

样品编号		颜色		琢型	
透明度		光泽			
鉴定依据： （至少三条）					

定名：＿＿＿＿＿＿＿＿＿

样品编号		颜色		琢型	
透明度		光泽			
鉴定依据： （至少三条）					

定名：＿＿＿＿＿＿＿＿＿

样品编号		颜色		琢型	
透明度		光泽			
鉴定依据： （至少三条）					
				定名：_____	

样品编号		颜色		琢型	
透明度		光泽			
鉴定依据： （至少三条）					
				定名：_____	

样品编号		颜色		琢型	
透明度		光泽			
鉴定依据： （至少三条）					
				定名：_____	

样品编号		颜色		琢型	
透明度		光泽			
鉴定依据： （至少三条）					
				定名：_____	

样品编号		颜色		琢型	
透明度		光泽			
鉴定依据： （至少三条）					
				定名：_____	

样品编号		颜色		琢型	
透明度		光泽			
鉴定依据： （至少三条）					
				定名：_____	

样品编号		颜色		琢型	
透明度		光泽			

鉴定依据:

(至少三条)

定名:＿＿＿＿＿＿＿＿＿

样品编号		颜色		琢型	
透明度		光泽			

鉴定依据:

(至少三条)

定名:＿＿＿＿＿＿＿＿＿

样品编号		颜色		琢型	
透明度		光泽			

鉴定依据:

(至少三条)

定名:＿＿＿＿＿＿＿＿＿

样品编号		颜色		琢型	
透明度		光泽			

鉴定依据:

(至少三条)

定名:＿＿＿＿＿＿＿＿＿

样品编号		颜色		琢型	
透明度		光泽			

鉴定依据:

(至少三条)

定名:＿＿＿＿＿＿＿＿＿

样品编号		颜色		琢型	
透明度		光泽			

鉴定依据:

(至少三条)

定名:＿＿＿＿＿＿＿＿＿

样品编号		颜色		琢型	
透明度		光泽			
鉴定依据： （至少三条） 定名：_____					

样品编号		颜色		琢型	
透明度		光泽			
鉴定依据： （至少三条） 定名：_____					

样品编号		颜色		琢型	
透明度		光泽			
鉴定依据： （至少三条） 定名：_____					

样品编号		颜色		琢型	
透明度		光泽			
鉴定依据： （至少三条） 定名：_____					

样品编号		颜色		琢型	
透明度		光泽			
鉴定依据： （至少三条） 定名：_____					

样品编号		颜色		琢型	
透明度		光泽			
鉴定依据： （至少三条） 定名：_____					

实验十一　镶嵌宝石质量评价

一、实验目的

1. 了解饰品镶嵌的制作工艺和过程。
2. 熟悉常用镶嵌用贵金属的种类及其物理、化学性质,熟悉 K 金的有关知识。
3. 熟悉镶嵌饰品的质量评判要求。
4. 掌握常见宝石的鉴定特征。
5. 根据所测得的有效依据,准确定名。

二、实验内容

1. 检验应在安静、光线充足的条件下进行。
2. 熟练掌握系统鉴定宝石的方法,对于不同宝石,正确判断并使用关键性测试方法。
3. 快速、准确地进行宝石的综合鉴定测试,列出可靠的测试依据。
4. 认真完成实验表格的填写,正确定出宝石名称。

三、实验指导

1. 每种宝石的定名必须具备 3 条及以上鉴定依据,不能仅靠 1~2 条依据就轻易给出定论。
2. 各宝石品种的关键性测试各不相同,鉴定时必须列出可靠测试手段,不能仅列出非确定性的测试依据。
3. 先对宝石材料进行鉴定,再对镶嵌工艺质量进行评价。
4. 镶嵌工艺评价可从以下几个方面进行:
(1) 镶嵌方法。
(2) 金属材料表面光洁度、抛光度。
(3) 图案纹饰形象是否自然、线条是否清晰、布局是否合理。
(4) 镶爪是否牢固,镶石是否牢固、周正、平服。
(5) 镶口线条是否流畅。
(6) 配石颜色大小是否统一。
(7) 字印是否完整、准确、清晰。

四、实践操作与记录

样品编号		颜色		宝石琢型	
透明度		光泽		镶嵌方法	
鉴定依据:					
镶嵌工艺质量评价:				定名:_____	

样品编号		颜色		宝石琢型	
透明度		光泽		镶嵌方法	

鉴定依据：

镶嵌工艺质量评价：

　　　　　　　　　　　　　　　　　　定名：＿＿＿＿＿＿＿＿

样品编号		颜色		宝石琢型	
透明度		光泽		镶嵌方法	

鉴定依据：

镶嵌工艺质量评价：

　　　　　　　　　　　　　　　　　　定名：＿＿＿＿＿＿＿＿

样品编号		颜色		宝石琢型	
透明度		光泽		镶嵌方法	

鉴定依据：

镶嵌工艺质量评价：

　　　　　　　　　　　　　　　　　　定名：＿＿＿＿＿＿＿＿

样品编号		颜色		宝石琢型	
透明度		光泽		镶嵌方法	

鉴定依据：

镶嵌工艺质量评价：

　　　　　　　　　　　　　　　　　　定名：＿＿＿＿＿＿＿＿

样品编号		颜色		宝石琢型	
透明度		光泽		镶嵌方法	

鉴定依据：

镶嵌工艺质量评价：

　　　　　　　　　　　　　　　　　　定名：＿＿＿＿＿＿＿＿

样品编号		颜色		宝石琢型	
透明度		光泽		镶嵌方法	

鉴定依据：

镶嵌工艺质量评价：

　　　　　　　　　　　　　　　　　　定名：＿＿＿＿＿＿＿＿

样品编号		颜色		宝石琢型	
透明度		光泽		镶嵌方法	
鉴定依据：					
镶嵌工艺质量评价：					定名：＿＿＿＿＿＿＿

样品编号		颜色		宝石琢型	
透明度		光泽		镶嵌方法	
鉴定依据：					
镶嵌工艺质量评价：					定名：＿＿＿＿＿＿＿

样品编号		颜色		宝石琢型	
透明度		光泽		镶嵌方法	
鉴定依据：					
镶嵌工艺质量评价：					定名：＿＿＿＿＿＿＿

样品编号		颜色		宝石琢型	
透明度		光泽		镶嵌方法	
鉴定依据：					
镶嵌工艺质量评价：					定名：＿＿＿＿＿＿＿

样品编号		颜色		宝石琢型	
透明度		光泽		镶嵌方法	
鉴定依据：					
镶嵌工艺质量评价：					定名：＿＿＿＿＿＿＿

样品编号		颜色		宝石琢型	
透明度		光泽		镶嵌方法	
鉴定依据：					
镶嵌工艺质量评价：					定名：＿＿＿＿＿＿＿

样品编号		颜色		宝石琢型	
透明度		光泽		镶嵌方法	

鉴定依据：

镶嵌工艺质量评价：

定名：＿＿＿＿＿＿＿＿＿

样品编号		颜色		宝石琢型	
透明度		光泽		镶嵌方法	

鉴定依据：

镶嵌工艺质量评价：

定名：＿＿＿＿＿＿＿＿＿

样品编号		颜色		宝石琢型	
透明度		光泽		镶嵌方法	

鉴定依据：

镶嵌工艺质量评价：

定名：＿＿＿＿＿＿＿＿＿

主要参考文献

何雪梅,李玮. 宝石鉴定实验教程[M]. 北京:航空工业出版社,1999.

李娅莉,薛勤芳,李立平等. 宝石学教程(第三版)[M]. 武汉:中国地质大学出版社,2017.

张林,何志方,王苇锐. 珠宝玉石鉴定实训[M]. 武汉:中国地质大学出版社,2009.

赵建刚,徐勤,徐光胜. 宝石鉴定仪器与鉴定方法(第二版)[M]. 武汉:中国地质大学出版社,2012.